U0300109

农村安全用电宣传画册

《电力安全宣传画册》编委会　组编

中国电力出版社
CHINA ELECTRIC POWER PRESS

内 容 提 要

　　本书针对农村居民用电特点，结合农村居民工作、生活实际，以通俗易懂、图文并茂的方式，解释安全用电常识，规范、警示不安全用电行为，旨在共同维护安全、良好的用电环境。

　　本书对农村居民了解电力特点，规范安全用电具有较强指导意义，适用于广大农村居民阅读。

图书在版编目（ＣＩＰ）数据

　　农村安全用电宣传画册 / 《电力安全宣传画册》编委会组编 . — 北京：中国电力出版社，2015.5

　　ISBN 978-7-5123-7656-4

　　Ⅰ . ①农… Ⅱ . ①电… Ⅲ . ①农村－安全用电－普及读物 Ⅳ . ① TM92-49

　　中国版本图书馆 CIP 数据核字 (2015) 第 088704 号

中国电力出版社出版、发行

（北京市东城区北京站西街 19 号　100005　http://www.cepp.sgcc.com.cn）

北京九天众诚彩色印刷有限公司印刷

各地新华书店经售

*

2015 年 6 月第一版　2015 年 6 月北京第一次印刷

787 毫米 ×1092 毫米　24 开本　2 印张　28 千字

印数 0001－3000 册　　定价 **12.00** 元

编 委 会

前　言

电力的出现极大方便了人们的生活，但如果使用不当，也会对个人、家庭乃至整个社会造成极大伤害。

为进一步加强农村安全用电管理，减少用电隐患和事故，提高安全用电意识、普及安全用电常识，特创作《农村安全用电宣传画册》一书。

本书对农村居民用电防护、用电小常识、农业生产、电力设施保护等方面以漫画形式一一展示的同时，也对触电急救知识等进行同步普及，温馨提示。本书在创作过程中，得到国网德州供电公司、国网夏津县供电公司大力支持，在此一并致谢。

由于时间仓促，书中难免存在不妥之处，敬请各位同行及广大读者提出宝贵意见。

本书编委会

2015年3月

目　录

2 触电急救知识

(一)触电解救方法

　　触电急救应分秒必争，一经明确心跳、呼吸停止的，立即就地迅速用心肺复苏法进行抢救，并坚持不断地进行，同时及早与医疗急救中心（医疗部门）联系，争取医务人员接替救治。在医务人员未接替救治前，不应放弃现场抢救，更不能只根据没有呼吸或脉搏的表现，擅自判定伤员死亡，放弃抢救。只有医生有权做出伤员死亡的诊断。与医务人员接替时，应提醒医务人员在触电者转移到医院的过程中不得间断抢救。

　　电流对人体的作用时间愈长，对生命的威胁愈大。所以，首先使触电者迅速脱离电源是非常重要的。可根据具体情况，选择使触电者脱离电源的方法。

　　脱离低压电源的方法可用"断"、"切"、"挑"、"拉"和"垫"五字来概括。

方法	方法简述	图片演示	方法	方法简述	图片演示
断	指就近断开电源开关、拔出插头或瓷插保险。此时应注意的是拉线开关和板把，开关是单极的，只能断开一根导线，有时由于安装不符合规程要求，把开关安装在零线上。这时虽然断开了开关，人身触及的导线可能仍然带电，这就不能认为已断开电源。		挑	如果导线搭落在触电者身上或压在身下，在未采取绝缘措施前，不得直接触及触电者的皮肤和潮湿的衣服，不能采用金属和其他潮湿的物品作为救护工具，这时可用干燥的木棒、竹竿等挑开导线或用绝缘绳套拉导线或触电者，使其脱离电源。	
切	指用带有绝缘柄的利器切断电源线。当电源开关、插座或瓷插保险距离触电现场较远时，可用带有绝缘手柄的电工钳或有干燥木柄的斧头、铁锹等利器将电源线切断。切断时应防止带电导线断落触及周围的人体。多芯绞合线应分相切断，以防短路伤人。		拉	是指救护人戴手套或在手上包缠干燥的衣服、围巾、帽子等绝缘物品拖拉触电者，使之脱离电源。如果触电者的衣裤是干燥的，又没有紧缠在身上，救护人可直接用单手（这样对救护人比较安全）抓住触电者不贴身的衣裤，将触电者拉离电源，但要注意拖拉时切勿触及触电者的体肤。	
			垫	如果触电者由于痉挛手指紧握导线或导线缠绕在身上，救护人可先用干燥的木板塞进触电者身下使其与地绝缘来隔断电源，然后再采取其他办法把电源切断。救护人亦可站在干燥的木板、木桌椅或橡胶垫等绝缘物品上，进行救护操作。	

(二)触电急救常识

●口对口（鼻）呼吸

当判断伤员确实不存在呼吸时，应即进行口对口(鼻)的人工呼吸，其具体方法是：

(1)在保持呼吸通畅的位置下进行。用按于前额一手的拇指与食指，捏住伤员鼻孔(或鼻翼)下端，以防气体从口腔内经鼻孔逸出，施救者深吸一口气屏住并用自己的嘴唇包住(套住)伤员微张的嘴。

(2)每次向伤员口中吹(呵)气持续1－1.5秒，同时仔细地观察伤员胸部有无起伏，如无起伏，说明气未吹进，如图1所示。

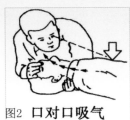

图1 口对口吹气

(3)一次吹气完毕后，应即与伤员口部脱离，轻轻抬起头部，面向伤员胸部，吸入新鲜空气，以便做下一次人工呼吸。同时使伤员的口张开，捏鼻的手也可放松，以便伤员从鼻孔通气，观察伤员胸部向下恢复时，则说明有气流从伤员口腔排出，如图2所示。

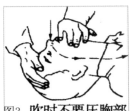

图2 口对口吸气

抢救一开始，应即向伤员先吹气两口，吹气时胸廓隆起者，人工呼吸有效；吹气无起伏者，则说明气道通畅不够，或鼻孔处漏气，或吹气不足，或气道有梗阻，应及时调整。

注意：①每次吹气量不要过大，约600毫升左右（6－7mL/kg），大于1200毫升会造成胃扩张；②儿童伤员需视年龄不同而异，其吹气量约为500毫升，以胸廓能上抬时为宜；③吹气时不要按压胸部，如图3所示；④抢救一开始的首次吹气两次，每次时间约1－1.5秒；⑤有脉搏无呼吸的伤员，则每5秒吹一口气，每分钟吹气12次；⑥口对鼻的人工呼吸，适

图3 吹时不要压胸部

用于有严重的下颌及嘴唇外伤，牙关紧闭，下颌骨骨折等情况的伤员，难以采用口对口吹气法；⑦婴、幼儿急救操作时要注意，因婴、幼儿韧带、肌肉松弛，故头不可过度后仰，以免气管受压，影响气道通畅，可用一手托颈，以保持气道平直；另一方面婴、幼儿口鼻开口均较小，位置又很靠近，抢救者可用口贴住婴、幼儿口与鼻的开口处，施行口对口鼻呼吸。

●胸外心脏按压

　　在对心跳停止者未进行按压前，先手握空心拳，快速垂直击打伤员胸前区胸骨中下段1~2次，每次1~2秒，力量中等，若无效，则立即胸外心脏按压，不能耽误时间。

　　（1）按压部位。胸骨中1／3与下1／3交界处，如图4所示。

　　（2）伤员体位。伤员应仰卧于硬板床或地上。如为弹簧床，则应在伤员背部垫一硬板。硬板长度及宽度应足够大，以保证按压胸骨时，伤员身体不会移动。但不可因找寻垫板而延误开

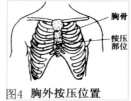

图4　胸外按压位置

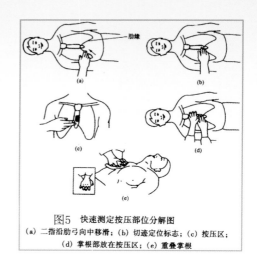

图5　快速测定按压部位分解图
(a) 二指沿肋弓向中移滑；(b) 切迹定位标志；(c) 按压区；
(d) 掌根部放在按压区；(e) 重叠掌根

始按压的时间。

　　（3）快速测定按压部位的方法。快速测定按压部位可分5个步骤，如图5所示。

　　1）首先触及伤员上腹部，以食指及中指沿伤员肋弓处向中间移滑，如图5(a)所示。

　　2）在两侧肋弓交点处寻找胸骨下切迹。以切迹作为定

位标志。不要以剑突下定位，如图5(b) 所示。

3）然后将食指及中指两横指放在胸骨下切迹上方，食指上方的胸骨正中部即为按压区，如图5(c)所示。

4）以另一手的掌根部紧贴食指上方，放在按压区，如图5(d)所示。

5）再将定位之手取下，重叠将掌根放于另一手背上，两手手指交叉抬起，使手指脱离胸壁，如图5(e)所示。

图6　按压正确姿势

（4）按压姿势。正确的按压姿势，如图6所示。抢救者双臂绷直，双肩在伤员胸骨上方正中，靠自身重量垂直向下按压。

（5）按压用力方式如图7所示。

1）按压应平稳，有节律地进行，不能间断。

2）不能冲击式的猛压。

3）下压及向上放松的时间应相等，如图7所示。压按至

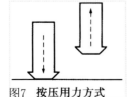

图7　按压用力方式

最低点处，应有一明显的停顿。

4）垂直用力向下，不要左右摆动。

5）放松时定位的手掌根部不要离开胸骨定位点，但应尽量放松，务使胸骨不受任何压力。

（6）按压频率。按压频率应保持在100次／分钟。

（7）按压与人工呼吸比例。按压与人工呼吸的比例关系通常是，成人为30：2，婴儿、儿童为15：2。

（8）按压深度。通常，成人伤员为4－5厘米，5－13岁伤员为3厘米，婴幼儿伤员为2厘米。

●急救时间与救治效果

触电到开始急救时长	救治效果
1分钟	90%有良好效果
6分钟	10%有良好效果
12分钟	救活的可能性极小

3 家用电器待机能耗

通俗的讲，电器关闭但未断开独立电源开关（或电气关闭且无独立电源开关），电器一般仍处于待机状态，电器仍然在耗电。

具备待机功能的电器一般有空调、电视机、电脑主机、电脑显示器、电饭煲、洗衣机、手机充电器、音响功放等。

常用家用电器年待机能耗参考表

常用家用电器	平均待机能耗（瓦）	年待机耗电量（千瓦时）
电脑主机	25	146
电饭煲	20	116
DVD	13	75
音响功放	12	70
电视机机顶盒	10	58
电视机	10	58
空调	8	46
电脑显示器	7	40

4 农村安全用电小口诀

电力设施应保护，
拉线电杆莫破坏。
落地电线勿靠前，
八米以外来看守。
电力线旁莫栽树，
树上不能绑电线。
线路划有保护区，
教育孩子懂安全。
电线附近要砍树，
架设井架堆柴草。
电力线下勿钓鱼，
私设电网是违法。
风筝漫天随风舞，
落线小鸟不要打。
风雨雷鸣又闪电，
户外避雨选地点，

电杆旁边莫取土；
防止倒杆出事故。
跨步电压会触电；
通知电工来维修。
树枝碰线有事故，
树摇线断有危险。
放炮采石不允许；
不爬电杆晃拉线。
慎防碰线出事故；
安全距离要保持。
触碰电线有危险，
用电捕鱼隐患大；
莫要碰线出事故，
设施一损事故发。
家中不能按电源；
电杆树下有危险。

湿手不要摸电器，
擦拭灯头及开关。
安装电器要仔细，
三孔插头不能去；
导线规格要选好，
电压过低损耗大。
电力线上勿晾衣，
晾衣铁丝和电线。
入室电线易破损，
通信电线要分开；
家用电器冒了烟，
带电勿用水直泼。
保险丝，是警卫，
不能随便换型号；
电热器具须防火，
破旧插座和电线，

谨防触电要牢记，
关断电源才安全。
金属外壳要接地，
安全用电莫大意；
线径过细温度高，
引起火灾事故发。
谨防触电要牢记，
保持距离莫搭连。
套管绝缘最安全，
不能同杆和同管。
救火先要断电源，
沙子或土来灭火。
粗细选择计算对；
严禁铜丝铝线替。
忘关电源事故多，
及时更换保安全。